Syndicat et Comice agricoles de l'arrondissement de Muret
(Haute-Garonne)

NOTIONS PRATIQUES
SUR
L'EMPLOI DES ENGRAIS

PAR

J. VINCENS
Ingénieur-Agronome
Professeur à l'École pratique d'agriculture d'Ondes
Sous-directeur du Laboratoire municipal de Toulouse

Prix : 40 centimes

PREMIER MILLE

TOULOUSE
IMPRIMERIE G. BERTHOUMIEU
20, RUE DE LA COLOMBETTE, 20

1891

A Monsieur Charles TALLAVIGNES

DIRECTEUR

De l'Ecole pratique d'Agriculture d'Ondes

(Haute-Garonne)

PRÉFACE

Un grand nombre d'agriculteurs se plaignent de ne pas avoir à leur disposition un petit *traité* contenant tous les renseignements pratiques relatifs à l'emploi des engrais.

Il existe certainement plusieurs ouvrages de Chimie agricole excellents sous tous les rapports; mais ces livres, pour être compris, exigent non seulement une lecture attentive mais encore une étude approfondie à laquelle tous les agriculteurs ne peuvent pas se livrer.

En publiant cette petite brochure, nous essayons de combler la lacune constatée par les agriculteurs eux-mêmes; nous limiterons donc l'enseignement de la Chimie agricole à ses conclusions les plus pratiques, renvoyant le lecteur pour plus de détails aux traités spéciaux (1).

Ce petit ouvrage, qui n'a d'ailleurs aucune prétention scientifique, est destiné à servir de *vade mecum de l'agriculteur,* et nous serons trop heureux si nous réussissons à faire faire à l'agriculture rationnelle, actuellement la seule possible, un progrès si petit qu'il soit.

J. VINCENS.

(1) *Cours de Chimie agricole*, de M. J. SABATIER, professeur à la Faculté des sciences de Toulouse. *Les Engrais*, MUNTZ et GIRARD.

INTRODUCTION

L'illustre savant Lavoisier a dit : « Dans la nature rien ne se perd, rien ne se crée. »

La matière, en effet, se métamorphose, change de forme ; les substances qui la composent s'unissent ou se dédoublent pour former des corps jouissant de propriétés différentes de celles des éléments à l'aide desquels ils ont été obtenus, mais le poids de l'ensemble, quelle que soit son apparence, est fixe et invariable. Il n'y a rien de perdu, rien de créé.

L'agriculture n'échappe pas à cette loi ; elle ne crée rien, mais elle transforme des matières que nous ne pouvons utiliser d'une façon immédiate en substances d'une valeur et d'une utilité plus grandes.

C'est une véritable industrie ayant son outillage et ses matières premières.

Pour bien utiliser les matières premières

d'une industrie, il faut connaître l'outillage. C'est pour cette raison que nous étudierons d'abord le sol, qui est un des principaux facteurs de la production végétale. Puis, nous rechercherons les matériaux qui pourront aider à la formation des récoltes et, munis de ces indications, nous passerons en revue les différentes sources qui pourront nous fournir ces matériaux que nous appellerons des engrais.

Enfin, nous étudierons les engrais au point de vue des différents sols et l'exigence des principales cultures de la région par rapport aux différents engrais dont nous disposons.

CHAPITRE PREMIER

DU SOL

Composition

La terre, qui supporte les plantes et contient la plus grande partie des substances nécessaires à leur développement, joue un rôle d'une importance si évidente qu'il n'est pas utile d'insister sur ce point.

Tous les sols arables sont essentiellement formés de quatre substances différentes, mélangées en proportions variables.

Ce sont :

1° La silice ;

2° L'argile ;

3° Le calcaire ;

4° L'humus.

1° *Silice.* — C'est une matière dure, d'une

décomposition difficile et qui se trouve en particules plus ou moins fines.

Le sable, qui sert à faire les mortiers, n'est autre chose que de la silice.

Dans le sol, la silice se trouve sous la même forme, mais en parcelles beaucoup plus petites.

2° *Argile.* — C'est une roche très tendre formant avec l'eau une pâte liante, durcissant à l'air et qui finit par se fendiller quand on la soumet à une dessication prolongée.

Pure, l'argile constitue le kaolin, qui sert à fabriquer la porcelaine.

La terre glaise employée dans les briqueteries est formée par de l'argile contenant plus ou moins d'impuretés.

3° *Calcaire.* — C'est une roche qui peut se présenter sous des formes bien différentes. Son caractère principal est de faire effervescence avec les acides ; c'est-à-dire que si l'on met quelques gouttes de vinaigre, d'eau-forte (acide nitrique) ou d'huile de vitriol (acide sulfurique) sur un calcaire, il se forme un grand nombre de petites bulles gazeuses comparables à celles qui se produisent quand on souffle avec une paille très fine dans de l'eau de savon. C'est cette production de bulles qu'on appelle effervescence. Pour les calcaires (carbonate de chaux), elle est due au dégagement d'un gaz : l'acide carbonique.

Le type du calcaire est la pierre à chaux, la craie ou le blanc d'Espagne, le marbre, etc. Il ne produit son effet dans le sol que lorsqu'il est réduit en particules très fines, pulvérulentes.

4° *Humus*. — Il provient de la décomposition des matières organiques. On peut s'en faire une idée en prenant du fumier très décomposé, sous forme de *beurre noir*.

Ses propriétés principales sont de retenir l'eau, de rendre l'argile moins collante, le sable plus adhérent et plus humide. De plus, il forme avec un grand nombre d'éléments fertilisants (sels ammoniacaux ou potassiques, etc.), des composés insolubles dans l'eau.

Cette dernière propriété, remarquable, explique pourquoi les engrais, sauf le nitrate de soude, ne sont pas entraînés par les eaux de pluies.

Le sol contient, en outre, mais en quantités généralement beaucoup plus faibles, des substances minérales dont l'utilité est plus ou moins grande.

Mais les terrains sont toujours caractérisés par l'abondance plus ou moins marquée de l'une des quatre matières qui viennent d'être étudiées.

C'est ainsi que nous aurons des terres calcaires, siliceuses, argileuses ou humifères, suivant que l'un ou l'autre des quatre éléments se trouvera en plus grande quantité.

On rencontre d'ailleurs une infinité de terres dont la composition est intermédiaire entre les quatre grandes classes que nous venons d'établir. On aura alors des terres silico-argileuses, argilo-calcaires, etc., etc., qui jouiront de propriétés mixtes.

Caractères des principaux types de terres arables

1° *Terres siliceuses.* — On appelle ainsi les terres qui contiennent plus de 80 % de sable fin. Très perméables à l'eau, elles ne peuvent conserver l'humidité nécessaire à la végétation et craignent la sécheresse. Elles s'échauffent rapidement et se refroidissent de même. Ce sont ces terres qu'on qualifie quelquefois de brûlantes.

Les principales plantes qui viennent spontanément sur de pareils sols sont : les pensées sauvages, la houlque laineuse, la spergule, l'avoine à chapelet, le réséda jaune et la fétuque rouge, etc., etc.

Ces terres siliceuses, très souvent excessivement pauvres en calcaire (carbonate de chaux), ne sont guère propres à la culture intensive, et la vigne paraît être la plante la plus apte à payer, dans de pareils sols, les amendements coûteux nécessaires pour augmenter leur fertilité.

Pour les améliorer, il faut les marner ou les chauler (voir plus loin ce qui concerne le chaulage), employer surtout des engrais très riches en matières organiques, tels que fumier, compost, gadoue, etc., etc., complétés, quand c'est nécessaire, par des superphosphates ou mieux des phosphates minéraux et de la potasse. (Voir plus loin, à l'article *Engrais*, ce qui concerne les doses à employer.)

De même que ces terres sont pauvres en calcaire, elles manquent fréquemment d'acide phosphorique et de potasse.

2° *Terres argileuses.* — Les terres sont dites argileuses quand elles contiennent plus de 10 °/₀ d'argile (1).

Possédant plus ou moins les caractères de l'argile, elles sont d'autant plus imperméables à l'eau qu'elles sont plus riches en argile. L'air et les liquides y circulent mal. La nitrification, transformation que doit subir l'azote des engrais organiques ou ammoniacaux, s'y fait lentement ou même pas du tout.

Les terres argileuses sont généralement riches en potasse.

Les plantes qui viennent spontanément sur les sols argileux et qui peuvent, jusqu'à un certain point, fournir quelques indices sur leur composition sont : l'agrostide traçante,

(1) Il s'agit ici de l'argile colloïdale (silicate d'alumine), telle qu'elle a été étudiée par M. Schlœsing.

l'hièble, le pas d'âne (tussilage), la chicorée sauvage, le lotier corniculé, etc.

Pour améliorer ces terres argileuses, il faut y mêler beaucoup de matières, engrais ou autres substances organiques destinés à former de l'humus qui, comme on l'a vu plus haut, modère, diminue la plasticité de l'argile qui devient alors moins collante, se fendille moins par la dessication, est plus facile à travailler et plus perméable aux agents atmosphériques.

Quand le sous-sol (2) est également très argileux, imperméable à l'eau, le drainage s'impose.

Il en est de même pour tous les sols.

3° *Terres calcaires*. — Un sol commence à être calcaire quand sa teneur en carbonate de chaux dépasse 10 °/₀.

Les terres calcaires absorbent et détruisent les engrais organiques avec une très grande rapidité.

Exception est faite pour les sols argilo-calcaires où l'argile domine.

(2) Terre placée sous le sol ou couche arable.

Les légumineuses : trèfle, sainfoin, luzerne, etc., y viennent bien. On y trouve également le mélampyre, la fléole, l'arête bœuf, la sauge, le coquelicot, le chardon, etc., etc.

Tout le monde sait qu'on n'a pas encore trouvé de plant de vigne résistant au phylloxéra et à la chlorose, permettant la culture de cette plante dans les sols très calcaires.

4° *Terres humifères*. — Elles peuvent contenir 10 % et plus de matières organiques. Quand elles sont assez riches en calcaire, elles sont éminemment propres à la culture très intensive. Telles sont les terres de jardin, anciennement cultivées.

Les terres humifères ne contenant pas de calcaire, terrains tourbeux marécageux, mais assainis, sont acides et impropres à la végétation. On y trouve cependant le jonc, les carex et quelques autres plantes sans utilité.

Un chaulage énergique peut rendre à ces terrains acides toute leur valeur.

I. Remarque. — *Terre franche*. — La terre franche est la terre arable par excellence. Tous les éléments constitutifs s'y trouvent en proportions telles que leurs propriétés s'y manifestent, tandis que leurs défauts se trouvent réduits au minimum.

II. Remarque. — *Sous-sol.* — Le sous-sol est la terre placée sous la couche superficielle travaillée par les instruments aratoires. Formé des mêmes éléments que le sol, il possède comme lui les propriétés propres aux substances qui le forment, et ces propriétés seront d'autant plus marquées que ces éléments s'y trouveront en plus fortes proportions.

Moyens à employer pour connaître la nature d'une terre (sol et sous-sol).

Les caractères tirés de l'aspect du sol et de la végétation spontanée qui s'y développe peuvent fournir des indices sur la composition du sol. Mais ils sont absolument insuffisants.

Le moyen le plus sûr consiste à faire faire l'analyse mécanique ou physique de la terre, mais à la condition de tenir compte des observations suivantes :

1° Prendre un échantillon représentant bien la composition moyenne de la terre qu'on veut faire analyser ;

2° Ne s'adresser qu'à des chimistes habitués à ce genre d'analyses ;

3° Exiger qu'on emploie la méthode d'analyse imaginée par M. Schlœsing, qui est la seule fournissant des résultats exacts (1).

Chaulage et marnage des terres

Nous avons vu que certaines terres pouvaient être améliorées par l'apport de calcaire.

Cet apport de calcaire peut se faire de deux façons et constitue ce qu'on appelle un amendement :

(1) Toutes les méthodes indiquées par différents auteurs ou journaux ne peuvent fournir de résultats exacts entre les mains de personnes inhabiles aux manipulations de chimie.

Quelquefois même ces méthodes sont fausses. Nous avons personnellement eu l'occasion de lire, dans une Chronique agricole, une méthode de dosage du calcaire consistant à peser la terre préalablement desséchée, avant et après son traitement par l'acide sulfurique ou huile de vitriol. Or, cette méthode, que son auteur n'a certes pas expérimentée, ne peut que donner des résultats *négatifs* d'autant plus grands que la terre est plus calcaire.

1° En répandant sur la terre de la marne, mélange de carbonate de chaux et d'argile (marnage); 2° ou, ce qui est souvent plus économique, en employant la chaux grasse (chaulage).

L'apport de calcaire est nécessaire chaque fois que l'analyse du sol n'indique pas une teneur en calcaire de 1 °/₀ au moins.

Il peut être utile pour des terres plus riches en carbonate de chaux.

Chaulage. — On peut chauler à petites doses (1,000 kilog. par hectare environ) chaque deux ou trois ans, ou à fortes doses (5 à 10,000 kilog.) en ne renouvelant ces chaulages que chaque dix ou douze ans, par exemple.

La meilleure chaux pour cet usage est la chaux vive aussi grasse, c'est-à-dire aussi pure que possible.

On la dispose, dans le champ à amender, par petits tas de 40 à 60 kilog. environ, en lignes parallèles espacées de deux fois la longueur d'un jet de pelle, soit 5 ou 6 mètres environ, et placés sur la ligne à la même distance de 5 ou 6 mètres les uns des autres. Ces chiffres peuvent être modifiés, si on le trouve commode.

On recouvre chaque tas d'une mince couche de terre (5 à 10 centimètres) et on abandonne à l'action de l'air et des pluies.

Dans ces conditions, la chaux s'éteint, se délite et se pulvérise. On la répand à la pelle, autour des tas, aussi uniformément que possible et on fait ensuite les façons nécessaires pour la récolte qui doit suivre.

REMARQUE. — Eviter de répandre des superphosphates et des engrais organiques ou ammoniacaux immédiatement après le chaulage.

Marnage. — La marne fournissant beaucoup moins de calcaire que la chaux grasse, il faut en employer cinq ou six fois plus. C'est pourquoi, sauf le cas des terres très siliceuses qui profitent de l'argile et du calcaire de la marne, il est plus économique d'employer la chaux grasse.

L'épandage de la marne se fait comme pour la chaux, mais en faisant les tas quatre ou cinq fois plus gros.

La marne peut être répandue immédiatement, n'ayant pas, comme la chaux, à subir de transformation.

CHAPITRE II

DES ENGRAIS

Notions générales

La chimie a montré que tous les végétaux étaient formés par la combinaison, l'union, de quatorze corps simples, ainsi appelés parce qu'ils ne peuvent être décomposés, dédoublés en deux ou plusieurs autres corps ayant des propriétés différentes. Les métaux sont des corps simples. De même le soufre, le phosphore, etc.

Par des cultures en terrains stériles, arrosés avec de l'eau contenant ces quatorze corps (moins le carbone qui est fourni par l'atmosphère) en dissolution, on a pu faire la synthèse des végétaux et remarquer, observation très importante, que si l'un de ces éléments venait à manquer, les autres n'avaient que peu ou point d'effet.

La conclusion de cette remarque est, qu'il ne faut jamais employer un engrais seul, avant de s'être assuré que tous les autres éléments se trouvent à la disposition des plantes en proportions convenables.

Ces quatorze corps, que nous énumérons pour mémoire seulement, sont :

1° Le carbone ; 2° L'hydrogène ; 3° L'oxygène ; 4° L'azote ; 5° Le phosphore ; 6° Le soufre ; 7° Le chlore ; 8° Le silicium ; 9° Le fer ; 10° Le manganèse ; 11° Le calcium ; 12° Le magnésium ; 13° Le sodium ; 14° Le potassium.	Ces corps ne sont pas à l'etat libre ; ils sont combinés entre eux et se trouvent sous forme d'acide carbonique, d'eau, d'ammoniaque, de nitrates, de phosphates, de sulfures, sulfates. oxydes, chlorures, carbonates, etc., etc.

Les n°s 5 et 14 sont plus souvent désignés

par les noms de leurs composés : l'acide phosphorique et la potasse.

Parmi tous ces corps, la plupart se trouvent en abondance dans la terre ou dans l'atmosphère.

Cinq seulement peuvent manquer ou se trouver en quantités insuffisantes. Ce sont :

1° L'azote ;

2° Le phosphore ;

3° Le potassium ;

4° Le calcium ;

5° Le magnésium.

Aussi appellerons-nous *engrais* toutes les matières contenant, en plus ou moins grandes proportions et sous une forme quelconque, un ou plusieurs de ces cinq éléments.

Les *engrais organiques* sont les engrais provenant des végétaux ou des animaux.

Les *engrais chimiques* sont ceux qui sont préparés par l'industrie, généralement par des procédés chimiques, ce qui leur a fait donner leur nom.

Il n'y a d'ailleurs pas de distinction bien nette entre ces deux catégories d'engrais et cela n'a aucune importance.

Cependant, d'une façon générale, les engrais chimiques sont des engrais très concentrés, contenant sous un faible poids une très grande quantité d'éléments fertilisants.

Nécessité d'importer des engrais dans la ferme. — Avant d'étudier les différents engrais produits sur la ferme ou par l'industrie, nous tenons à montrer sommairement la nécessité d'importer des engrais dans l'exploitation.

En effet, quelle que soit la quantité de fumier ou d'engrais produite sur la ferme et rapportée au sol, elle ne fera jamais que rendre une partie de ce qui lui a été enlevé. Car tout ce qui est vendu : céréales, fourrages, viandes, lait, etc., etc., emporte une certaine quantité de ces éléments fertilisants, la terre en est appauvrie d'autant et, à la longue, sa fertilité diminue.

Ainsi s'explique comment des terres produisant jadis de magnifiques récoltes sont, aujourd'hui, presque stériles.

Ainsi se comprend également la nécessité où se trouve l'agriculteur d'employer des engrais venant du dehors, destinés à compléter ceux qu'il produit et à restituer au sol tous les éléments que lui ont enlevés les récoltes. Ces engrais importés sont quelquefois appelés *engrais complémentaires.*

Moyens à employer pour connaître les besoins d'une terre en éléments fertilisants. — L'expérimentation directe de chacun des engrais, seul ou associé aux autres, est certainement le moyen le plus sûr, mais il exige beaucoup trop de temps, de soins et de surveillance pour être pratique.

L'analyse chimique ne donne pas encore d'indications précises concernant les besoins du sol, mais elle permet d'abréger les essais et de préciser les recherches.

On admet (1) qu'une terre est sensible aux engrais azotés, quand elle contient moins de 1 pour 1000 d'azote.

Sensible aux engrais phosphatés et potassiques, quand elle contient moins de :

1 pour 1000 d'acide phosphorique total ;

2 à 2.5 pour 1000 de potasse.

(1) Joulie, Risler, etc., etc.

La quantité de chaux nécessaire pour améliorer les propriétés du sol étant bien supérieure à celle que les plantes exigent comme engrais, il n'y a pas lieu de s'en occuper ici. (Voir l'article *chaulage).*

Nous verrons ce qui concerne la magnésie en étudiant les engrais potassiques.

Division des engrais. — On divise les engrais en plusieurs grandes catégories, suivant la nature de l'élément fertilisant qu'ils renferment.

Nous étudierons donc :

1° Les engrais azotés ;

2° Les engrais phosphatés ;

3° Les engrais potassiques.

Il y a encore les engrais composés, mélange des précédents et de matières inertes, dont nous ne disons rien, ne croyant pas devoir les conseiller aux agriculteurs, sauf dans quelques cas très restreints.

Observations très importantes concernant l'achat des engrais. — Il nous paraît encore de la plus grande utilité de faire les remarques suivantes :

1° On ne doit jamais acheter d'engrais que sur analyse ou sur garantie indiquant la richesse de l'engrais en éléments fertilisants. Le prix de l'unité ou kilogramme de matière utile (azote, acide phosphorique ou potasse) doit être connu et servir de base à la détermination de la valeur vénale de l'engrais.

Ce prix de l'unité de matière utile varie suivant l'état sous lequel elle se trouve. Ainsi, l'azote nitrique des nitrates se vend plus cher que l'azote organique du cuir, par exemple, etc.

2° Les engrais expédiés en sacs ou en barils doivent porter une étiquette indiquant la nature de l'engrais, les éléments fertilisants qu'il contient et la forme sous laquelle ils s'y trouvent.

Ainsi, pour l'azote, l'étiquette devra porter :

Azote : organique, ammoniacal ou nitrique.

Pour l'acide phosphorique : soluble ou insoluble au citrate d'ammoniaque.

Et pour la potasse : si elle provient du sulfate ou du chlorure de potassium.

3° La facture devra, de plus, porter le prix de l'unité d'azote, d'acide phosphorique ou de potasse.

4° On devra, autant que possible, contrôler ces indications du fournisseur par l'analyse chimique. Ce contrôle, dans les conditions ordinaires, est presque impossible pour le petit propriétaire, qui grèverait ses marchandises de 10, 15 ou 20 °/₀ de frais.

Il est rendu accessible à tous par les Syndicats *bien organisés* qui, moyennant une simple élévation de prix de 1 °/₀, garantissent, d'une façon absolue, les marchandises qu'ils livrent.

La prise d'échantillon, pour des analyses de ce genre, doit être faite sur tous les sacs ou barils contenant l'engrais et en présence de témoins. Les différents prélèvements, bien mélangés, sont renfermés dans deux flacons en verre, bouchés, ficelés et cachetés. Une étiquette doit indiquer la date de la prise d'échantillon et porter la signature des témoins.

Un des flacons est envoyé au chimiste et l'autre est confié à une personne dont la bonne foi ne pourrait être suspectée en cas de contestation avec le vendeur.

5° Pour éviter des frais de transport inutiles, on n'achètera que des engrais non mélangés et aussi concentrés que possible. On pourra ensuite faire ses mélanges sans avoir à payer les matières inertes (terres, plâtre) que les marchands d'engrais introduisent dans les mélanges qu'ils vendent sous le nom d'engrais spéciaux pour céréales, prairies, etc., etc.

Engrais azotés (1).

Les engrais azotés se divisent en trois catégories :

Les engrais contenant de l'azote nitrique :

Nitrate de soude ;

Nitrate de potasse.

Les engrais contenant de l'azote ammoniacal :

Sulfate d'ammoniaque ;

Chlorhydrate d'ammoniaque ;

Nitrate d'ammoniaque.

Les engrais contenant de l'azote organique :

Sang et viande desséchés ;

Guano ;

Corne ;

Laines, plumes, etc. ;

(1) Il ne s'agit ici que des engrais les plus employés.

Poudrettes, gadoue, etc.;

Fumier de ferme;

Compost.

Engrais verts.

On voit que nous comprenons sous la dénomination d'engrais à azote organique tous les engrais organiques. Ces derniers, relativement pauvres en acide phosphorique et en potasse, ne sont achetés que comme engrais azotés.

1° *Nitrate de soude.* — Le nitrate de soude nous vient du Chili et du Pérou, où il y en a des gisements considérables. Grossièrement purifié, il est expédié en sacs plombés et quelquefois en barils.

Il contient 95 ou 96 °/₀ de nitrate de soude pur, correspondant à 15 ou 15.5 °/₀ d'azote.

On l'emploie généralement à la dose de 100 à 250 kilos par hectare.

Convient à presque toutes les cultures, même à la vigne quand on veut activer sa végétation.

Il produit surtout des effets étonnants sur les céréales et les prairies naturelles ou artificielles.

Doit être employé au printemps et, comme la terre ne le conserve pas et qu'il peut être entraîné par les pluies, il vaut mieux en faire l'épandage à la volée et en plusieurs fois (deux ou trois).

Cet épandage est facilité par le mélange du nitrate avec une matière inerte, terre fine, plâtre, etc., mais pas avec du superphosphate.

L'ouvrier chargé de ce travail doit avoir les mains saines, sans écorchures ni coupures.

Il vaut mieux, quand on le peut, enterrer le nitrate de soude par un hersage (1).

2° *Nitrate de potasse.* — S'obtient par double décomposition entre le chlorure de potassium et le nitrate de soude.

Il contient 13 à 13.5 °/₀ d'azote et 44 à 45 °/₀ de potasse.

Dans cet engrais, les éléments utiles, azote et potasse, reviennent à un prix un peu plus élevé que dans les autres engrais.

L'azote et la potasse ne s'y trouvent pas en proportions convenables.

(1) MUNTZ et GIRARD, *Les Engrais.*

Aussi paraît-il préférable de rejeter ce produit des usages agricoles. Il est d'ailleurs avantageusement remplacé par le nitrate de soude et le sulfate de potasse.

Engrais a azote ammoniacal. — Tous ces engrais tirent leur ammoniaque, soit des urines putréfiées provenant des matières de vidange, soit de la distillation des eaux de lavage du gaz d'éclairage. Suivant que cette ammoniaque est reçue dans de l'acide sulfurique, chlorhydrique ou nitrique, on a du sulfate d'ammoniaque, du chlorure ou du nitrate.

Sulfate d'ammoniaque. — Contient environ 20 °/₀ d'azote assimilable et peut remplacer le nitrate de soude dans les terres très légères à la dose de 100 à 200 kilos par hectare, la moitié environ par arpent.

Dans les terres fortement argileuses, on l'emploie quelquefois en automne, parce que le sulfate d'ammoniaque, ne s'y nitrifiant que très lentement, ne subit pas de pertes sensibles pendant l'hiver n'étant pas entraînable par les pluies.

Le nitrate de soude produit de meilleurs effets (1).

Chlorure et nitrate d'ammoniaque. — Mêmes observations que pour le sulfate.

Engrais a azote organique. — Tous ces engrais, à part le fumier, les composts et autres engrais fabriqués dans l'exploitation, sont des résidus de toutes sortes provenant d'industries diverses.

Ils ne doivent être achetés que d'après leur titre en azote et suivant que cet azote est facilement décomposable et assimilable.

Il nous suffira d'énumérer les principaux en indiquant approximativement leur richesse en azote :

Sang desséché, 10 à 15 °/o d'azote ;

Viandes desséchées, 10 à 12 °/o d'azote ;

Corne torréfiée pulvérisée, 13 à 14 °/o d'azote ;

Laines, poils et plumes (difficilement assimilables, pour plantations de vignes), 5 à 12 °/o d'azote ;

Tourteaux, 4 à 8 °/o d'azote.

(1) Grandeau.

Tous ces engrais organiques peuvent être employés dans les terres pauvres en humus, mais leur usage dépend surtout du prix de l'unité d'azote dans ces engrais. Ils peuvent très souvent être économiquement remplacés par le nitrate de soude.

Les doses à employer dépendent de leur richesse.

On s'arrangera de façon à apporter de 15 à 20 kilos d'azote par arpent, soit le double par hectare.

Pour la vigne, avant sa plantation, on peut augmenter ces quantités en employant des engrais difficilement décomposables, tels que les laines, poils, etc.

Fumier de ferme. — On a prétendu que le fumier de ferme n'était pas indispensable pour une bonne production du sol (1) et que le type de l'agriculture idéale était celle où l'on pouvait opérer sans produire du fumier, c'est-à-dire sans bétail. Il est vrai que dans un laboratoire on fait développer des végétaux dans

(1) *Théorie minérale des Engrais*, de LIEBIG.

des sols ne contenant pas de matières organiqués.

Mais pourra-t-on, en grande culture, arroser, comme on le fait dans ces laboratoires, des champs entiers avec de l'eau contenant en dissolution tous les principes nécessaires à l'alimentation de la plante, et cela chaque jour?

Evidemment, non : il faudra que la terre conserve de l'eau, qu'elle retienne les engrais, les prépare, et c'est l'humus, principalement formé par le fumier, qui s'en chargera ; car, de même que les aliments ingérés par un animal doivent subir, avant d'être absorbés dans l'économie, une transformation ou élaboration sous l'influence des sucs digestifs, de même les engrais introduits dans le sol doivent, avant d'être assimilés par les végétaux, subir des modifications, une sorte de digestion dont l'humus est l'agent le plus actif.

Donc, on ne peut pas se passer du fumier, qui, d'ailleurs, modifie heureusement les propriétés physiques du sol.

La richesse du fumier en éléments fertilisants est très variable.

Sa composition moyenne est la suivante (Muntz et Girard) :

Azote	0.47 %
Acide phosphorique ..	0.30 %
Potasse	0.52 %

C'est donc un engrais pauvre; mais comme on le produit en assez grandes quantités, on doit éviter les pertes en éléments fertilisants qui, dans presque toutes les exploitations, dépassent, faute de soin, *la moitié de ces principes utiles*.

Les conditions à remplir pour avoir un bon fumier et réduire les pertes au minimum sont les suivantes :

1° Les étables et les écuries doivent avoir un sol étanche, n'absorbant pas les urines. Des rigoles doivent conduire ces urines dans un trou à parois imperméables, situé près du tas de fumier et qu'on appelle la fosse à purin.

Quand on ne peut faire un sol imperméable dans les écuries ou les étables, il faut placer sous la litière une couche de terre fine de 10 à 15 centimètres qui absorbe les urines et qu'on enlève lorsqu'elle en est bien imbibée. Elle est alors portée au tas de fumier et remplacée par de la terre nouvelle.

2° Le fumier doit être placé en tas sur une aire imperméable, disposée de façon à ramener les eaux d'égouttage du fumier dans la fosse à purin.

Cette aire est entourée d'une petite rigole destinée à éloigner de la fosse les eaux pluviales.

Le tas de fumier doit être tenu constamment humecté avec le contenu de la fosse à purin.

3° Pour éviter les pertes d'ammoniaque ou d'azote par évaporation, on aura soin d'ajouter au purin de petites quantités d'acide sulfurique (1) jusqu'à cessation d'odeur ammoniacale ou, si l'on veut, jusqu'à ce qu'un papier rouge de tournesol, plongé dans le liquide, ne devienne plus bleu.

Le fumier de ferme convient à toutes les cultures. Comme on n'en a jamais trop, il n'y a pas de limites à fixer. Plus on en aura, plus on pourra en mettre.

(1) Dans cette opération, on emploie de l'acide sulfurique étendu de cinq ou six fois son volume d'eau. En faisant le coupage, il faut avoir soin de verser l'acide dans l'eau et non pas l'eau dans l'acide.

Pour le blé, cependant, il vaut mieux fumer la récolte précédente : d'abord parce qu'une fumure abondante pourrait produire la verse et ensuite parce que le fumier contient toujours une grande quantité de graines qui donnant naissance à une foule de mauvaises herbes gèneraient beaucoup le développement du blé.

On fume généralement par périodes régulières correspondant à la durée de rotation ou succession de cultures. C'est le meilleur moyen.

Dans nos climats, le fumier disposé en tas dans la pièce à fumer doit être répandu et enfoui le plus tôt possible par un labour. On évite ainsi les pertes d'ammoniaque par évaporation.

Composts. — Il y a dans toutes les exploitations agricoles, grandes ou petites, une grande quantité de matières, telles que balayures, suie, déchets de ménage, mauvaises herbes, feuilles d'arbres, sciure, fanes, débris de paille, roseaux, marcs de raisins, balayures de route, curures de fossés, etc., etc., qui restent inutilisés, mais qui, après avoir subi une préparation préalable, seraient de la plus grande utilité, surtout dans les terres très légères ou très fortes.

Pour préparer ces déchets, on les stratifie par couches successives avec de la terre. On fait ainsi un tas rectangulaire de 1 à 2 mètres de hauteur, dont la face supérieure est creuse ou concave et percée à l'aide d'un pieu d'un grand nombre de trous dirigés dans tous les sens et permettant à l'eau et au purin, qu'on devra verser fréquemment dans la cuvette supérieure, de se répartir uniformément dans tout le tas. On a ainsi formé un compost.

Dans les moments de loisir que laissent les travaux de l'exploitation, on recoupera le tas par tranches verticales et on le reconstruira à côté de son emplacement primitif.

Quand on peut, il est bon d'ajouter de la chaux vive en pierre ou en poudre.

Les composts s'emploient comme le fumier.

Engrais verts. Sidération. — On appelle engrais verts les végétaux qu'on enfouit dans le sol comme fumure.

Tantôt ces végétaux sont enterrés dans la

terre même qui les a produits, et nous ne nous occuperons que de ceux-là ; tantôt ils sont importés dans l'exploitation.

On n'emploie guère que les légumineuses : trèfle, vesces, féveroles, lupin blanc ou jaune, etc., lorsqu'on veut faire des engrais verts, et les avantages qu'on trouve à cette pratique sont les suivants :

1° Les légumineuses jouissant de la propriété de fixer l'azote de l'air enrichissent le sol en azote. Cet enrichissement est d'autant plus important que l'azote des engrais est le plus coûteux des éléments fertilisants. Il vaut, en effet, de 1 fr. 50 à 1 fr. 80 l'unité ou le kilo, alors que l'acide phosphorique ne vaut que 75 centimes dans les superphosphates et la potasse 50 centimes environ.

L'emploi des engrais verts constitue donc un moyen très économique de se procurer l'azote.

2° Les légumineuses ont des racines profondes qui vont chercher dans le sous-sol des principes utiles, qui seront mis à la disposition des plantes à racines superficielles qu'on cultivera ensuite.

On remet donc en circulation une richesse

qui serait restée sans valeur sans les engrais verts.

3° Nous avons vu que presque toutes les terres sont améliorées par l'apport d'humus ou matières végétales en décomposition. Or, les racines et la partie aérienne des végétaux qu'on enfouit dans le sol formeront, par leur décomposition, de grandes quantités d'humus qui modifieront heureusement les propriétés physiques du sol.

4° Enfin, des travaux récents ont montré que lorsque la terre était dépourvue de végétation elle perdait de grandes quantités d'azote. On évitera donc ces pertes en remplaçant les jachères et demi-jachères nues par une culture de plantes fourragères dont le produit est destiné à être enfoui dans le sol.

La pratique des engrais verts varie suivant les sols et les cultures.

Dans les sols suffisamment riches en calcaire, on sème après la récolte des céréales, du trèfle incarnat ou farouche qu'on peut remplacer par du colza ou des vesces d'hiver.

Ces plantes, semées en septembre, sont enterrées en mars, avant les semailles du maïs ou la plantation des pommes de terre.

Quand le sol est pauvre en chaux, il est bon de recouvrir les engrais verts, au moment de les enterrer par un labour, d'une certaine quantité de chaux destinée à faciliter leur décomposition.

Dans les sols siliceux, très pauvres en chaux, comme on en trouve beaucoup dans la région (1), la meilleure plante à cultiver, comme engrais vert, est le lupin blanc ou jaune.

Pour remplacer les jachères d'été, on peut semer dans tous les sols le lupin et même la navette. On enterre en septembre.

Une bonne pratique consiste à semer, au printemps, dans une céréale (avoine ou orge) du trèfle rouge qui fournit, l'année d'après, deux coupes qu'on enlève et une troisième qu'on enfouit.

Pour enterrer les engrais verts, il vaut mieux les faucher avant de faire passer la charrue.

La pratique, qui consiste à puiser l'azote de l'air au moyen des plantes et principalement

(1) Arrondissement de Muret.

des légumineuses, constitue ce qu'on a appelé la sidération. Elle est la base d'un système de culture préconisé par M. G. Ville, ayant pour but de supprimer l'emploi du fumier, sa production et, par conséquent, la production du bétail.

D'après ce système, on emploierait les engrais chimiques pour enrichir le sol en acide phosphorique, en potasse et en chaux ; par la sidération, on fournirait l'azote nécessaire aux plantes cultivées, et il serait alors possible de ne plus conserver comme bétail que le nombre de bêtes strictement nécessaires à la culture du sol.

Nous sortirions des limites que nous nous sommes tracées en insistant sur les théories de M. Ville ; il nous suffit d'avoir montré ce que la sidération pouvait avoir d'utile pour la région.

Engrais phosphatés

Les engrais phosphatés comprennent :

Les superphosphates minéraux ;

Les superphosphates d'os ;

L'acide phosphorique précipité ;

Les phosphates minéraux ;

Les phosphates d'os ;

Les noirs de raffineries ;

Les scories de déphosphoration, etc., etc.

Dans les trois premiers, l'acide phosphorique est soluble dans l'eau ou le citrate d'ammoniaque.

Ils sont dits à acide assimilable.

Dans les autres, au contraire, l'acide phosphorique est dit non immédiatement assimilable.

Tous se vendent d'après leur richesse en acide phosphorique et *non en phosphate de chaux*.

Le prix de l'acide phosphorique assimilable est à peu près le double du prix de l'acide des phosphates, et les deux varient avec les cours.

L'acide phosphorique des os coûte généralement un peu plus cher que celui des phosphates minéraux.

Les superphosphates et les phosphates précipités sont des phosphates qui ont subi une préparation chimique rendant leur acide phosphorique assimilable, le seul que l'on paie dans les superphosphates et qui se reconnaît à sa solubilité dans le citrate d'ammoniaque.

Ces engrais se recommandent dans les cas suivants :

Pour praliner les semences, on peut employer les phosphates précipités :

Dans les terrains calcaires (contenant plus de 10 °/₀ de carbonate de chaux), pour toutes cultures et à la dose de 20 à 40 kilos d'acide phosphorique par hectare (200 à 400 kilos de superphosphate à 10 °/₀). les superphosphates doivent être seuls employés.

Dans les autres sols, il paraît avantageux d'employer les phosphates naturels mélangés au sulfate de chaux ou plâtre.

Ces phosphates naturels proviennent de gisements (phosphates minéraux) ou des os (poudre d'os, noir de raffinerie, etc.)

A prix égal seulement, les phosphates d'os doivent être préférés aux phosphates minéraux.

Ces derniers proviennent de couches géologiques parfaitement distinctes et ont des origines différentes.

Les phosphates du Lot sont à peu près les seuls employés dans notre région.

Ces engrais, phosphates et scories, achetés au titre, peuvent être, par suite de leur bas prix, employés à fortes doses (400 à 800 kilos), mélangés avec 2 à 300 kilos de sulfate de chaux ou plâtre ; ils remplacent avantageusement les superphosphates, surtout si on a soin de les répandre chaque jour sur la litière, à raison de 1 à 2 kil. par jour et par tête de gros bétail. L'assimilabilité de ces phosphates est ainsi portée de 10 à 50 et 60 °/₀ de l'acide phosphorique qu'ils contiennent.

Les phosphates doivent être assez finement pulvérisés pour qu'il ne reste que 10 °/₀ de poudre sur un tamis ayant cent dix mailles sur un pouce de longueur de chaîne (tamis nº 110).

Remarque. — Les engrais phosphatés peuvent être employés dans tous les sols, sauf indications spéciales et contraires ; toutes les analyses de terres de la région que nous avons vues indiquant un manque d'acide phosphorique.

Engrais potassiques

Ces engrais comprennent :

Le chlorure de potassium ;

Le sulfate de potasse ;

La kaïnite (sulfates et chlorures de potassium, sodium et magnésium) ;

Le carbonate de potasse ;

Le sulfate double de potasse et de magnésie.

Tous ces sels proviennent des mines de Stassfurt, en Allemagne, du traitement des résidus de la distillation des mélasses ou des eaux mères des marais salants.

La richesse en potasse des sels du commerce est la suivante :

Nitrate de potasse..........	44 à 45 %
Sulfate de potasse...........	40 à 45 %
Chlorure de potassium.......	50 à 60 %
Kaïnite	Très variable.

Ces engrais conviennent surtout aux plantes de la famille des légumineuses, telles que luzerne, sainfoin, trèfle, etc., etc.

Ils s'emploient surtout dans les terrains peu ou pas argileux, à la dose de 100 à 200 kilos par hectare (à peu près la moitié par arpent).

Dans les sols pauvres en chaux, la kaïnite est préférable aux autres engrais potassiques et, à prix égal, dans les autres cas, le sulfate vaut mieux que le chlorure.

Quand la magnésie fait défaut, on emploie de préférence le sulfate double de potasse et de magnésie, ou la kaïnite.

Quant au carbonate de potasse, préconisé récemment par M. Joulie, il est prudent d'attendre, pour l'employer, le résultat des essais en cours.

CHAPITRE III

DES FUMURES

à appliquer aux principales Cultures de la Région

Nous ne pouvons évidemment envisager ici tous les cas qui peuvent se présenter, et nous supposerons que tous les éléments fertilisants font défaut. Si, dans l'application, un d'eux se trouvait en quantité suffisante, et les indications qui précèdent permettent de s'en assurer, il n'y aurait qu'à supprimer l'engrais qui contient cet élément. Si, par exemple, un sol contient plus de 2.5 pour mille de potasse, on supprime tous les engrais potassiques.

D'un autre côté, comme les fumures doivent être proportionnelles aux récoltes probables, nous indiquerons les quantités d'azote, d'acide phosphorique et de potasse enlevées par un poids donné de chaque récolte, un simple calcul permettra d'obtenir les quantités enlevées par une récolte d'un poids différent.

Dans cette évaluation des fumures, nous ne tiendrons pas compte du fumier employé, parce que celui-ci, ne faisant que rendre au sol ce qu'il lui a pris, ne peut contribuer à augmenter sa fertilité. Il constitue la fumure d'enrichissement.

BLÉ

Une récolte de blé de 15 hectolitres représentant :

Grain............	1.200 kilos.
Paille............	2.750 —

enlève les quantités suivantes d'éléments fertilisants :

	Azote.	Acide phosph.	Potasse.
	k	k	k
Grain..............	24,96	9,6	6,6
Paille..............	13,20	6,32	13,5
Total.........	38,16	15,92	20,1

Fumure. — Avant le dernier labour d'automne, répandre 100 kilos de superphosphate à 15 °/₀ pour un hectare (1) ; 60 kilos sulfate de potasse.

Au printemps, 150 kilos nitrate de soude.

Le superphosphate peut être remplacé par 200 à 300 kilos phosphate minéraux à 35-40 °/₀ de phosphate de chaux.

MAÏS

Une récolte supposée de 25 hectolitres correspondant à :

Grain............	1.750 kilos.
Râfle............	600 —
Paille............	2.000 —

enlève :

	Azote. k	Acide phosph. k	Potasse. k
Grain.............	18,8	9,90	5,95
Râfle..............	1,38	0,120	1,44
Paille....	1,60	7,60	32,2
Total.........	29,78	17,620	40,59

Le maïs grain étant toujours fumé au fumier de ferme, on peut se dispenser d'y mettre des

(1) Nous rappelons, une dernière fois qu'il faut un peu plus de la moitié de la fumure d'un hectare pour un arpenqui vaut 56 ares 90 centiares dans la région.

engrais azotés. Pour activer la végétation, on peut cependant répandre, avant le dernier labour qui précède les semailles, 100 kilos environ de sang ou de viande desséchés et ajouter 100 ou 150 kilos superphosphate (12 °/₀), et 100 kilos sulfate de potasse.

AVOINE ET ORGE

Une récolte d'orge ou d'avoine de 25 hectolitres enlève à peu près la même quantité d'éléments fertilisants que 15 hectolitres de blé.

Quoiqu'on n'ajoute généralement pas d'engrais à ces céréales, elles se trouveraient très bien d'une fumure analogue à la précédente.

Cette fumure, qui ne représente guère qu'une dépense de 60 fr., est facilement payée par un supplément de récolte d'une valeur presque toujours bien supérieure.

TRÈFLE

Une récolte de trèfle sec pesant 8,000 kilos enlève :

Azote................	160 kilos.
Acide phosphorique...	44 kil. 80
Potasse..............	156 kilos.

On ne répand jamais sur le trèfle ou les autres légumineuses, d'engrais azotés.

Malgré la grande quantité qu'ils en emportent, et quelle qu'en soit la raison, le trèfle et les légumineuses en laissent dans le sol plus qu'ils n'y en trouvent.

Fumure. — Enterrer par un labour, toujours avant les semailles, 2 à 300 kilos de superphosphate riche, ou 4 ou 500 kilos de phosphates minéraux, auxquels on ajoutera seulement 200 à 250 kilos de sulfate de potasse ou 350 kilos environ de kaïnite.

GRANDE LUZERNE OU SAINFOIN DU PAYS

Une récolte de fourrage sec pesant 10,000 kil. enlève :

Azote....................	200 kilos.
Acide phosphorique.....	51 —
Potasse.................	152 —

ce qui correspond, l'azote ne devant pas être remplacé, à :

Superphosphate	400 kilos.
Chlorure ou sulfate de potasse..	300 —

par hectare.

On peut remplacer le superphosphate par 800 ou 1,000 kilos de phosphates minéraux.

Si le sol était riche en potasse, les engrais potassiques seraient remplacés par 100 ou 200 kilos de sulfate de fer (sulfate de protoxyde) qui, d'ailleurs, peut être ajouté avec avantage à toutes les fumures (1).

SAINFOIN A DEUX COUPES, VESCES, ETC., ETC.

Pour toutes les autres légumineuses, telles que sainfoin (luzerne du pays) vesces, etc., etc., on peut appliquer les fumures indiquées pour le trèfle.

PRAIRIES

Les quantités d'éléments fertilisants enlevés par une récolte de foin de prairie varie beaucoup, suivant la nature des plantes qui composent cette prairie.

On se trouvera toujours bien de répandre, à l'automne :

200 à 300 kilos de superphosphate par hec-

(1) Notes à l'Académie des sciences de P.-Marguerite Delacharlonny.

tare, remplaçables par : 400 ou 500 kilos de phosphates, mélangés à 150 ou 200 kilos de sulfate de fer, auxquels on ajoute 100 à 150 kilos de sulfate de potasse.

Ces sngrais sont enfouis par un ou deux hersages.

Si la prairie contient beaucoup de graminées, on répandra, au printemps :

150 à 250 kilos de nitrate de soude, et pour les légumineuses, après la formation des premières feuilles : 200 à 300 kilos de plâtre ou sulfate de chaux.

VIGNE

Les différentes parties de la vigne enlèvent, par 100 kilos, les quantités d'éléments fertilisants suivantes :

	Azote.	Acide phosph.	Potasse.
	k	k	k
Vin................	0,02	0,03	0,1
Marc...............	1,00	0,30	0,5
Sarments...........	0,02	0,04	0,3
Feuilles...........	0,8	0,16	0,28

Pour une récolte de 100 hectolitres de vin

par hectare l'appauvrissement du sol serait :

Azote....................	47 kilos.
Acide phosphorique....	13 kil. 5
Potasse..................	34 kil. 9
Chaux....................	97 kilos.

exigeant, comme engrais, sans compter le fumier disponible :

Engrais organique... Nitrate de soude......	40 à 50 kil. d'azote.
Superphosphate riche..	100 kilos.
Sulfate de potasse......	100 —
Sulfate de fer...........	100 —

Il est préférable de fumer tous les deux ou trois ans, mais avec les doses correspondantes ou, mieux encore, de ne répandre, chaque année, qu'une seule espèce d'engrais, en ayant soin d'en mettre une quantité suffisante pour satisfaire les exigences de la plante.

L'épandage de ces engrais, sauf le nitrate de soude, qui s'emploie toujours au printemps, peut se faire jusqu'à la fin de l'hiver.

REMARQUE. — Nous répétons, encore une fois, que ces formules de fumures ne sont pas absolues; elles peuvent être changées, modifiées pour une foule de causes qui constituent la science agricole et qu'il n'est pas possible de développer ici. Les indications que nous avons fournies doivent simplement servir de point de départ à ceux qui, manquant de notions pratiques sur l'emploi des engrais et reconnaissant qu'il est grand temps que l'agriculture sorte de l'ornière creusée par la routine, veulent s'initier aux nouvelles méthodes de culture basées sur l'emploi rationnel des engrais.

TABLEAU

Indiquant les quantités de substances fertilisantes enlevées par 100 k. des récoltes ci-dessous (exprimées en kil.)

NATURE DES RÉCOLTES		Azote	Ac. phosph.	Potasse	Récolte moy. en hect. par hectare	POIDS des récoltes en kilos
Blé	grain	2.08	0.82	0.55	15	1.200
	paille	0.48	0.23	0.49	»	2.750
Orge	grain	1.52	0.72	0.48	25	1.625
	paille	0.48	0.19	0.93	»	2.800
Avoine	grain	1.92	0.55	0.42	25	1.200
	paille	0.40	0.28	0.97	»	2.100
Maïs	grain	1.60	0.55	0.33	25	1.750
	rafle	0.23	0.02	0.24	»	600
	paille	0.48	0.38	1.66	»	2.000
Haricots	graines	4.15	0.94	1.40	16	1.250
	paille	1.04	0.38	1.07	»	1.200
Tabac	feuilles	5.00	0.45	1.81	»	très var.
Betterave fourragère	racines	0.18	0.08	0.43	»	40.000
	feuilles	0.30	0.08	0.43	»	20.000
Trèfle	sec	2.00	0.56	1.95	»	8.000
Luzerne	—	2.00	0.51	1.52	»	10.000
Sainfoin	—	1.80	0.47	1.79	»	4.500
Vesces	—	2.27	0.62	2.00	»	4.000
Vigne	vin	0.02	0.03	0.1	»	très var.
	marc	1.00	0.30	0.5	»	
	sarments	0.02	0.04	0.3	»	
	feuilles	0.8	0.16	0.28	»	

Remarque. — Les nombres exprimant le poids des récoltes par hectare n'ont pas une valeur absolue et ne peuvent servir de base pour le calcul des quantités d'éléments fertilisants enlevés au sol, que lorsqu'on n'aura aucune autre donnée.

TABLE DES MATIÈRES

CHAPITRE II

DES ENGRAIS

CHAPITRE III

Toulouse. — Imp. G. Berthoumieu, rue de la Colombette, 20.

www.ingramcontent.com/pod-product-compliance
Lightning Source LLC
LaVergne TN
LVHW011954160826
845678LV00002B/536

9782329681047